FORSCHUNGSBERICHTE DES LANDES NORDRHEIN-WESTFALEN

Nr. 1600

Herausgegeben
im Auftrage des Ministerpräsidenten Dr. Franz Meyers
von Staatssekretär Professor Dr. h. c. Dr. E. h. Leo Brandt

DK 666.293.041.22

Prof. Dr.-Ing. habil. Adolf Dietzel, Würzburg
in Zusammenarbeit mit der Forschungsgesellschaft
Blechverarbeitung e. V., Düsseldorf

Einfluß des Wasserdampfgehaltes der Ofenatmosphäre auf den Stahlblech-Emaillierprozeß

WESTDEUTSCHER VERLAG · KÖLN UND OPLADEN 1966

ISBN 978-3-663-06264-6 ISBN 978-3-663-07177-8 (eBook)
DOI 10.1007/978-3-663-07177-8

Verlags-Nr. 011600

Gesamtherstellung: Westdeutscher Verlag

Inhalt

Einleitung

Aus einer fast unübersehbaren Zahl von Veröffentlichungen ist hinreichend bekannt, daß Wasserdampf in höheren Konzentrationen beim Brand Emailfehler erzeugt. Dies beruht darauf, daß Eisen bei höheren Temperaturen mit Wasserdampf unter Bildung von Eisenoxyden und Wasserstoff reagiert. Da dieser (im Gegensatz zum in Form von OH-Gruppen gelösten Wasserdampf) eine sehr geringe Löslichkeit im Email besitzt, tritt der Wasserstoff in Form von Blasen in der Grenzzone Eisen/Email auf, was bis zum Aufkochen führen kann. Ist die Wasserdampfkonzentration dafür nicht hoch genug, so wirkt sich aber immer noch die Tatsache schädlich aus, daß der entstehende Wasserstoff sich im Stahlblech löst, aber bei der Abkühlung und noch bei Zimmertemperatur wegen starker Verminderung der Löslichkeit langsam sich ausscheidet. Die Folge ist, solange das Email noch weich ist, Entstehung von Blasen, darnach von Fischschuppen.

Es ist also wichtig zu wissen, wo die Grenze im Wasserdampfgehalt beim Emailbrand liegt, unterhalb der die erwähnten Fehler nicht entstehen. Die vorliegende Untersuchung hat zum Ziel, diese Grenze aufzusuchen.

Freilich muß man bedenken, daß die Wasserdampfkonzentration sich während eines Emailbrandes stark ändert und noch eine Reihe anderer Faktoren zu berücksichtigen ist; man kann deshalb strenggenommen nicht von *der* Grenze sprechen. So wundert es nicht, daß es im Schrifttum weit auseinanderliegende Angaben über die obere Grenze der Wasserdampfkonzentration gibt (2–40 Vol.-%).

Experimenteller Teil

Für die vorliegenden Versuche wurden ein bewährtes Grundemail und einige Blechsorten verschiedener Güte verwendet, doch vorzugsweise ein Blech, das uns aus der Praxis und nach Laborversuchen als gut emaillierbar bekannt war.

1. Das verwendete gute Blech

Chemische Analyse

C = 0,05%	S = 0,027%
Si = 0,03%	P = 0,045%
Mn = 0,25%	Cr = 0,015%
Cu = 0,07%	Al = 0,045%

Gefügeuntersuchung

Das angeschliffene Blech zeigt nach der alkoholischen Salpetersäure-Ätzung in 150facher Vergrößerung (Abb. 1) ein grobes Korn und es läßt noch etwas Walz-

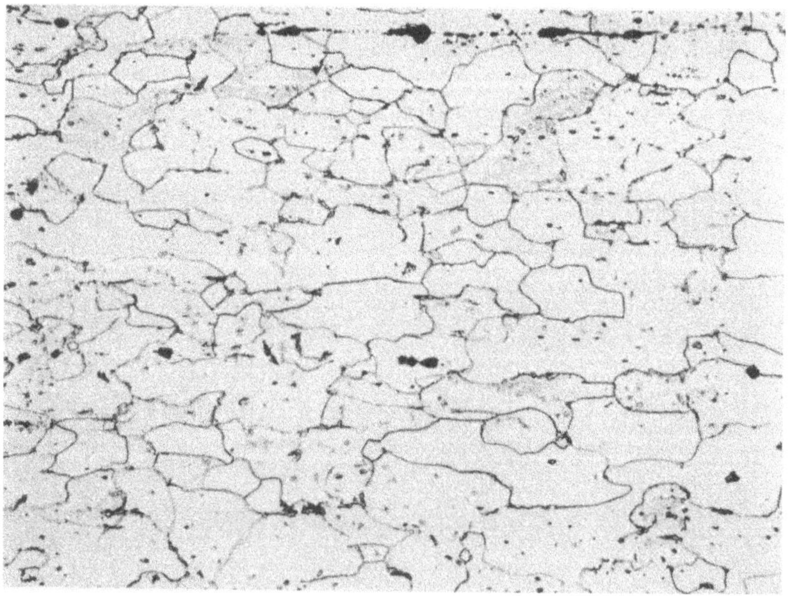

Abb. 1 Anschliff des gut emaillierbaren Bleches nach der alkoholischen Salpetersäureätzung in 150facher Vergr.

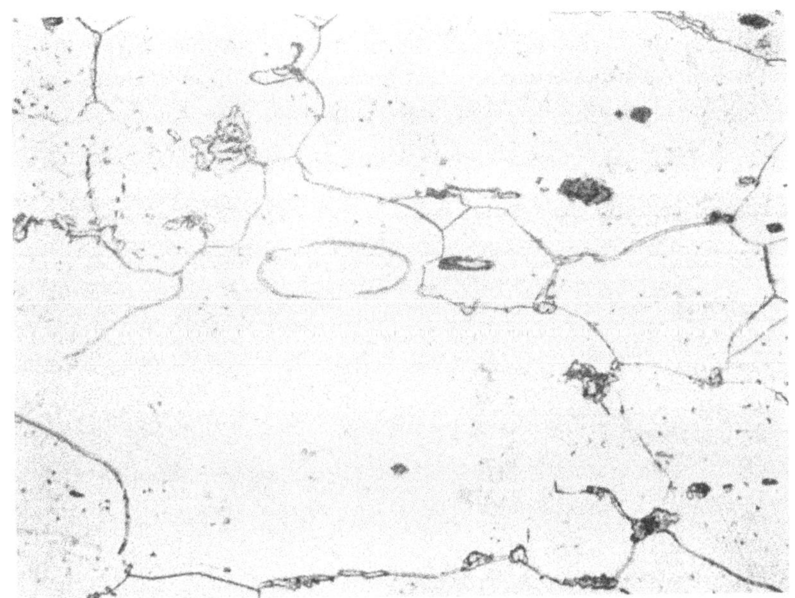

Abb. 2 Anschliff nach der alkoholischen Salpetersäureätzung in 600facher Vergr.

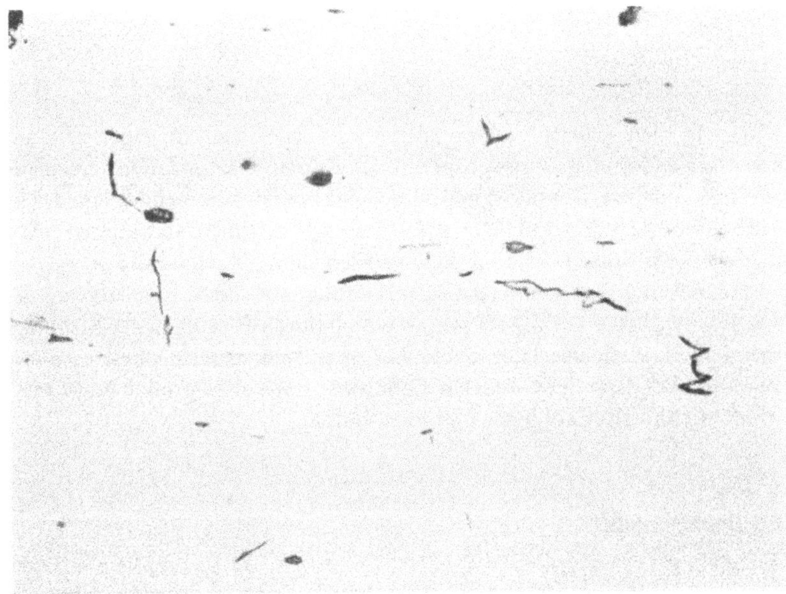

Abb. 3 Anschliff nach der Natriumpikratätzung
Vergr. 600fach

struktur erkennen. Der Perlitgehalt ist sehr gering, am Bildrand und in der Bildmitte befinden sich Schlackenreihen. In Abb. 2 sind deutlich die Perlitinseln erkennbar. Die schmalen Streifen an den Korngrenzen sind Tertiärzementit, wie die Ätzung mit alkalischer Natriumpikratlösung zeigt, Abb. 3.

2. Zusammensetzung des Grundemails

	Gew.-Teile
Quarzsand	55,00
Aluminiumoxid	5,00
Borax krist.	41,90
Soda kalz.	9,75
Kaliumkarbonat	8,70
Kalk	9,00
Kobaltoxid	0,50

bei 1100–1150° C 1 Std. gefrittet
Mühlenzusatz 6% Ton, 0,5% Soda
Emaildicke nach dem Brand: 0,15 mm $\pm$ 0,02

Die Dicke wurde größer als üblich gewählt, weil bei einigen Versuchen Aufheiz- und Brennzeiten von max. 30 min nötig waren.

3. Versuchsdurchführung

Das Ziel war, den gesamten Aufbrennprozeß des Emails in einer definierten stufenweise zu ändernden Atmosphäre durchzuführen. Dazu wurden verschiedene Anordnungen benutzt, deren Grundprinzip aber übereinstimmend folgendes war: Der Aufbrennprozeß findet in einer strömenden Atmosphäre statt, deren Wasserdampfgehalt verschieden hoch eingestellt werden kann. Dieser ist also vorgegeben; seine Veränderung durch die H_2O-Entbindung aus dem Emailauftrag beim Brennen soll möglichst kurzfristig sein, was sich durch Einstellen der Strömungsgeschwindigkeit erreichen läßt. Diese hat aber rein experimentell eine obere Grenze darin, daß dann der Gasstrom nicht mehr ohne allzu großen Aufwand auf die Versuchstemperatur aufgeheizt werden kann.

4. Emaillierversuche

Die wasserdampfhaltige Brennatmosphäre wurde dadurch erzeugt, daß Luft in einem Thermostaten durch eine Siebplatte gedrückt wurde, wo sie sich je nach der Temperatur des Thermostaten mit einer bestimmten Menge Wasserdampf sättigte

(Abb. 4); von da an gelangte sie nach besonderer Vorerhitzung in den Ofenraum, der mit einer Blechbüchse aus zunderfestem Stahl ausgekleidet war. Die Gasgeschwindigkeit konnte bis rd. 9 m/sec im Zuleitungsrohr (6 mm ∅) entsprechend 150 l/h erhöht werden (die thermische Ausdehnung der Gase ist dabei berücksichtigt).

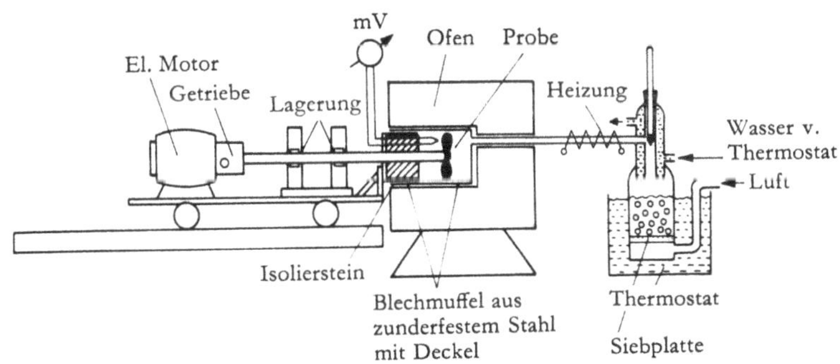

Abb. 4 Anordnung zur Erzeugung einer strömenden Brennatmosphäre mit definiertem Wasserdampfgehalt. Propellerversuch

Um den aus dem Wasserdampfpartialdruck und dem Eigenvolumen des aufgenommenen Wasserdampfes berechneten Wasserdampfgehalt des Gasgemisches zu kontrollieren, wurde dieser für 10 und 20 Vol.-% (ber.) bei verschiedenen Gasgeschwindigkeiten, bezogen auf 900° heißes Gas, experimentell bestimmt. Dazu wurden 100 cm³ Gas mit einer Injektionsspritze durch eine kleine Kühlfalle (in flüssiger Luft) angesaugt und die Gewichtszunahme der Kühlfalle gemessen. Es ergaben sich folgende Mittelwerte aus 3 Versuchen, bezogen auf kaltes Gas:

Durchfluß	Gasgeschwindigkeit im Rohr	ber. 10 Vol.-%, gemessen:	ber. 20 Vol.-%, gemessen:
50 l/h	2,9 m/sec	8,1	17,4
100 l/h	5,9	9,6	18,8
150 l/h	8,8	10,1	20,3

Das Ansteigen des Wasserdampfgehaltes mit steigender Strömungsgeschwindigkeit ist darauf zurückzuführen, daß auch etwas Wassernebel mitgerissen wurde. Bei der ersten Versuchsanordnung nun wurden die Proben als Propeller ausgebildet und während des Brandes gedreht. Es lag die Absicht zugrunde, den aus dem Emailauftrag sich entwickelnden Wasserdampf so schnell als möglich von der Probe zu entfernen (Abb. 4). Für das verwendete Blech und Email ergab sich bei Umdrehungsgeschwindigkeiten von 100 bis 200 U/min eine Grenzkonzentration von 20 Vol.-% Wasserdampf. Hier war das Email eben noch brauchbar, während es bei 22,5 und erst recht bei 25 Vol.-% blasig war.

In der zweiten Serie wurde der ankommende Gasstrahl, nachdem er zur Aufheizung eine im Ofen befindliche Rohrschlange passiert hatte, von oben auf das Email aufgeblasen (Abstand des Rohrendes vom Email 10 mm). So war Gewähr gegeben, daß der Wasserdampf, der beim Brand frei wird, sofort entfernt wurde. Bei dieser Anordnung wurde bei 10 Vol.-% H_2O ein einwandfreies Grundemail erhalten, bei 15% war die Oberfläche unruhig, eierschalig, bedingt durch eine Unzahl feiner Bläschen. Diese Probe konnte man als Grenzfall ansehen. Bei 20 Vol.-% H_2O war das Email stark blasig und platzte nach dem Abkühlen über größere Bereiche sofort ab.
Daß der Propellerversuch einen höheren Wert für die Grenzkonzentration ergeben hat, wird später erläutert (s. unter Abkühlgeschwindigkeit).
Es wurde noch eine dritte Anordnung gewählt (Abb. 5).

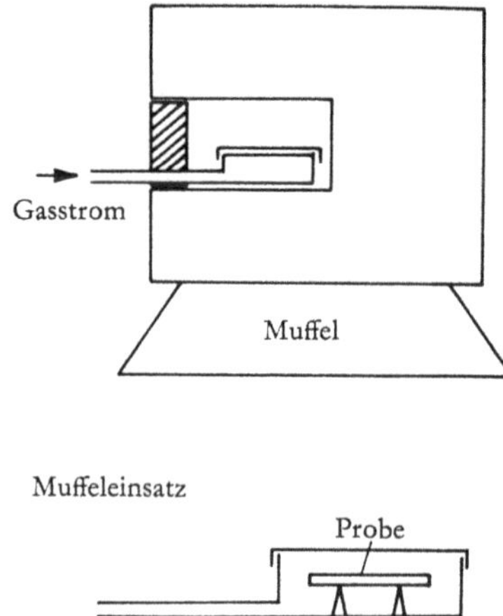

Abb. 5 Brennen der Probe in einer Kassette aus zunderfestem Stahlblech

Der Gasstrahl wurde unten in eine Kassette eingeleitet, die lose durch einen Deckel verschlossen war. Die Probe kam in die vorgeheizte Kassette. Auch hier lag die Grenze bei 15% H_2O. Die Erscheinungen am Email in der Reihe 10, 15, 20% Wasserdampf waren die gleichen wir vordem beschrieben. Daran änderte sich auch nichts, als das Gas durch eine Querverteilerdüse unmittelbar über die Emailoberfläche geblasen wurde (Abb. 6).
Wenn man von den Propellerversuchen zunächst absieht, wurde also unter den gewählten Voraussetzungen die eben noch zulässige Höchstkonzentration an Wasserdampf zu 15 Vol.-% gefunden. Dabei spielte offensichtlich die Strömungsgeschwindigkeit über der Emailoberfläche keine merkliche Rolle; es war gleichgültig, ob sich das eingeblasene Gas über den Querschnitt der Kassette verteilte oder konzentriert aus der Düse über die Emailoberfläche blies. Entscheidend war nur, daß das aus dem Emailauftrag frei werdende Überangebot an Wasser in einem möglichst großen Gasvolumen verdünnt wurde. So überraschte ein Versuch schließlich nicht mehr, bei dem die Anordnung nach Abb. 5 durchgeführt wurde,

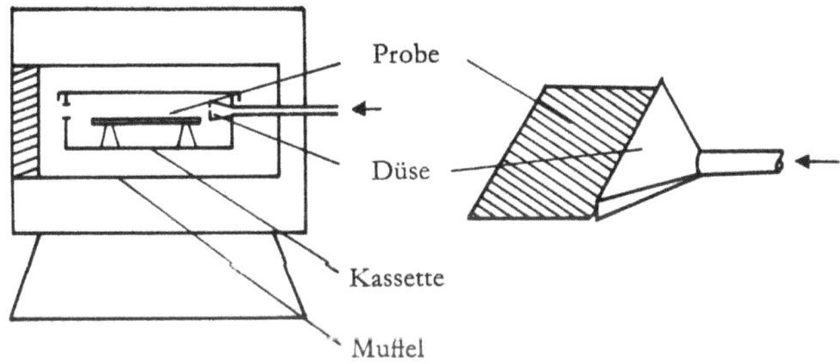

Abb. 6 Brennen in der Kassette und Überblasen einer wasserdampfhaltigen Atmosphäre

jedoch mit abgestellter Gaszufuhr (Parallele zum praktischen Muffelbrand): Obwohl die errechnete Wasserdampfkonzentration in der Kassette 21 Vol.-% hätte betragen sollen, war das Email einwandfrei. Daraus ist zu sehen, daß der Wasserdampf selbst durch die schmalen Ritzen am Deckel zum großen Teil nach außen entwichen ist. Er tut das, wenn er die Möglichkeit hat, aufzusteigen, ist doch sein »Molekulargewicht« (18) viel kleiner als das von »Luft« (rd. 29). Kann er nicht aufsteigen, wie bei gestürzt gebrannten Kochtöpfen, dann allerdings reichert er sich an und es entstehen Fehler.

Um das Entweichen des Wasserdampfes, der beim Brand frei wird, zu behindern, wurde folgende Anordnung gewählt: Statt *eines* Bleches wurden fünf in ein Gestell übereinander geschoben und zwischen Gaseinführung und Gestell eine Schaumsteinwand geschoben (s. schematische Zeichnung Abb. 7).

Die Kassette wurde also mit dem gewählten Luft-Dampf-Gemisch dauernd gespült, aber der Gasstrom konnte nicht ungehindert über die Emailoberfläche

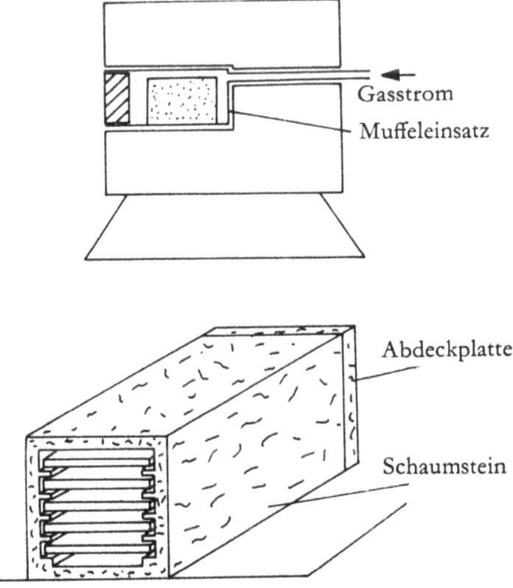

Abb. 7 Isolierstein-Gestell mit fünf Proben

streichen. (Vor dem Einsetzen der Proben in das Gestell wurde seitlich an den Auflageflächen das aufgespritzte Email abgekratzt, um ein Ankleben zu vermeiden.) Bei dieser Anordnung wurde für das Aufheizen der Stücke auf Emailliertemperatur eine Zeit von ca. 40 min benötigt.

Abb. 8 Aussehen der in 12% Wasserdampf gebrannten Proben: vorn gut, hinten blasig (Die Ränder wurden nicht emailliert und sind deshalb verzundert)

Das Ergebnis war folgendes: wurde reine Luft dem Muffelraum zugeführt, so war das Ergebnis gut; enthielt die zugeführte Luft aber 5% Wasserdampf, so war das Ergebnis bedenklich, und bei 12% Wasserdampfgehalt war die Emaillierung in den hinteren zwei Dritteln wegen der vielen Blasen schlecht (Abb. 8). Im vorderen Drittel war der Wasserdampf abdiffundiert.

5. Einfluß der Blechqualität

Nun hängt die Wasserdampf-Grenzkonzentration nicht nur von der Gasgeschwindigkeit und Größe der Charge ab, sondern von noch anderen Faktoren. Ein wichtiger ist die Blechqualität. Bleche, die auf Wasserstoffehler anfällig sind (wegen Doppelungen, Schlackeneinschlüssen, grobem Korngrenzenzementit, Perlitnestern u. dgl.), sind auch wasserdampfempfindlich beim Aufbrennen von Grundemail.

Ein solches Blech hatte folgende Eigenschaften:

5.1. Chemische Zusammensetzung

C	=	0,140%
Si	=	0,015%
Mn	=	0,47 %
P	=	0,032%
S	=	0,021%
Ni	=	0,078%
Cu	=	0,28 %

Die C- und Cu-Gehalte sind sehr hoch.

5.2. Gefügeuntersuchung

Das Blechgefüge zeigte nach der Ätzung bei 150facher Vergrößerung ein mittleres Korn und erscheint vollständig rekristallisiert (Abb. 9), d. h., es zeigt keinerlei Walzstruktur, es besteht aus Ferrit und etwas Perlit.

Die Abb. 10 zeigt das gleiche Gefüge in 600facher Vergrößerung; hier lassen sich an den Korngrenzen schmale Bänder erkennen. Nach der Natriumpikratätzung

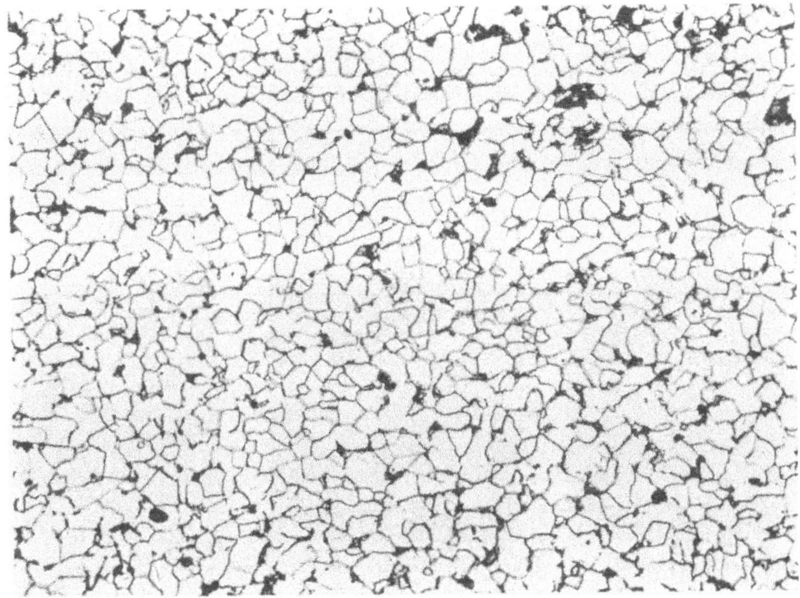

Abb. 9 Blechgefüge eines fehleranfälligen Bleches in 150facher Vergr.

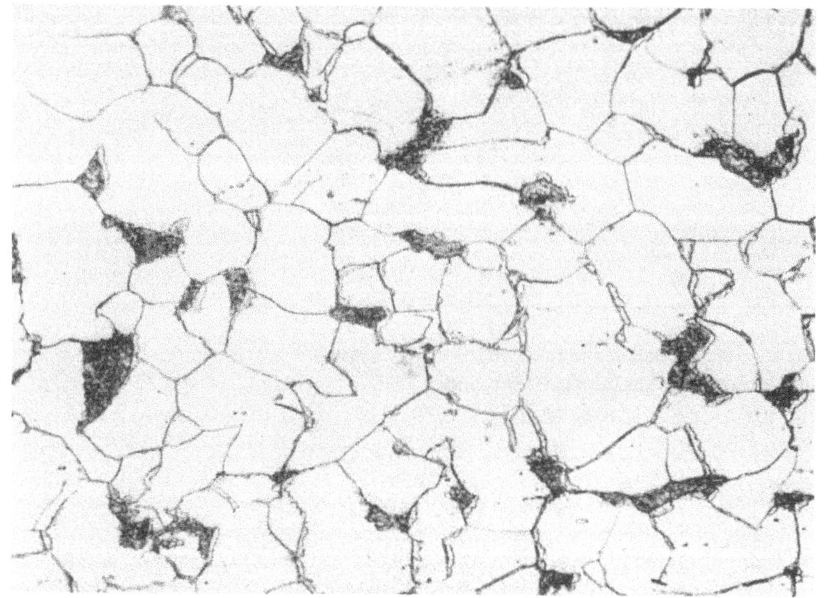

Abb. 10 Blechgefüge eines fehleranfälligen Bleches in 600facher Vergr.

wurde deutlich, daß es sich nicht um Tertiärzementit, sondern um Ferritsäume handelt, die dadurch entstehen, daß beim Rekristallisationsglühen der Ferrit nicht vollständig in γ-Mischkristalle umgewandelt wurde.

5.3. Emaillierung des Bleches

Emaillierversuche mit dem oben erwähnten Blech bei verschiedenen Wasserdampfgehalten in der Brennatmosphäre haben gezeigt, daß sich bei 10% Wasserdampf im Gasgemisch, das von oben her mit einer Geschwindigkeit von 5 bzw.

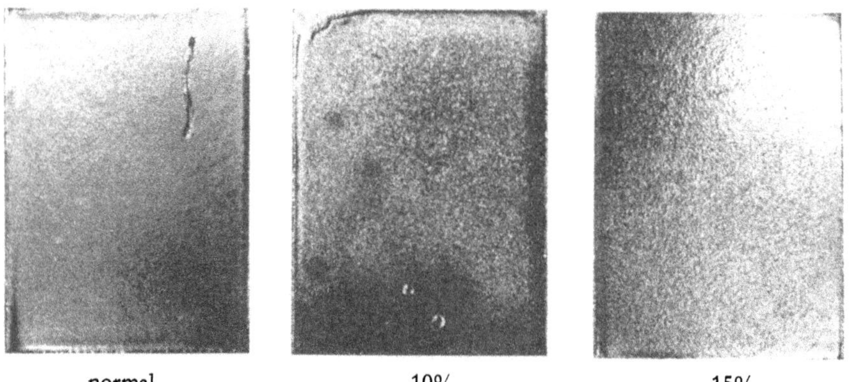

normal 10% 15%

Abb. 11 Blech mit 0,14% C in Atmosphäre mit 0, 10 bzw. 15% vorgegebenem Wasserdampf gebrannt

5,5 m/sec auf die Proben aufgeblasen wurde (nach dem oben beschriebenen Verfahren) schon eine wellige, blasige Emailoberfläche ergibt, während 15% H_2O das Email völlig unbrauchbar machten (Abb. 11).

6. Einfluß der Abkühlgeschwindigkeit

Im Laufe der obigen Versuche machten wir immer wieder die Beobachtung, daß, selbst wenn man in der Brennatmosphäre eine Wasserdampf-Konzentration von über 20% hatte, das Email nach einigen Minuten im Ofen vollkommen glatt ausfloß, wie das Abb. 13a und b deutlich zeigen. (Die Aufnahmen wurden unmittelbar nach dem Herausnehmen der Proben aus dem Ofen gemacht). Erst beim Abkühlen erscheinen die zahllosen Blasen. Wir haben deshalb eine Anordnung gewählt, mit der man die Veränderung der Emailoberfläche während des Abkühlvorganges photographisch festhalten kann (Abb. 12).

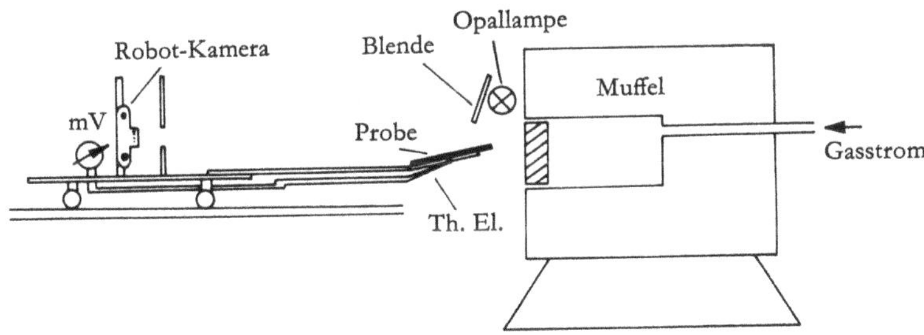

Abb. 12 Anordnung für die Aufnahmen von Abb. 13

Auf einem fahrbaren Untergestell wurde eine Robot-Kamera und eine Probehalterung montiert, so daß beim Herausnehmen der Probe aus der Muffel immer ein gleichmäßiger Abstand zur Kamera bestand. Die Probe wurde zusätzlich noch von schräg oben angeleuchtet, um eine Reflexion zu erzeugen. Während des Abkühlens wurde alle 50° C eine Aufnahme gemacht. Die Ergebnisse haben gezeigt, daß das Blasen erst um etwa 700° C beginnt und mit sinkender Temperatur stark zunimmt. Die Abb. 13 zeigt eine grundemaillierte Probe nach dem Herausnehmen aus der Muffel. Es handelt sich um das gute Blech mit 0,05% Kohlenstoff, das bei einer Ofenatmosphäre mit 20% Wasserdampf 10 min bei 900° C emailliert war.

Zur Kontrolle wurden diese Versuche mit Platin- statt Stahlblech wiederholt; die Blasenentstehung bei der Abkühlung blieb aus. Die Blasen kamen also, wie bekannt, aus dem Stahlblech.

Es zeigte sich bei allen Versuchen, daß die Abkühlgeschwindigkeit einen großen Einfluß auf das Entstehen der Fehler hat. So ergab sogar ein Blech mit dem sehr niedrigen Kohlenstoffgehalt von 0,015% C bei schneller Abkühlung (1½ min,

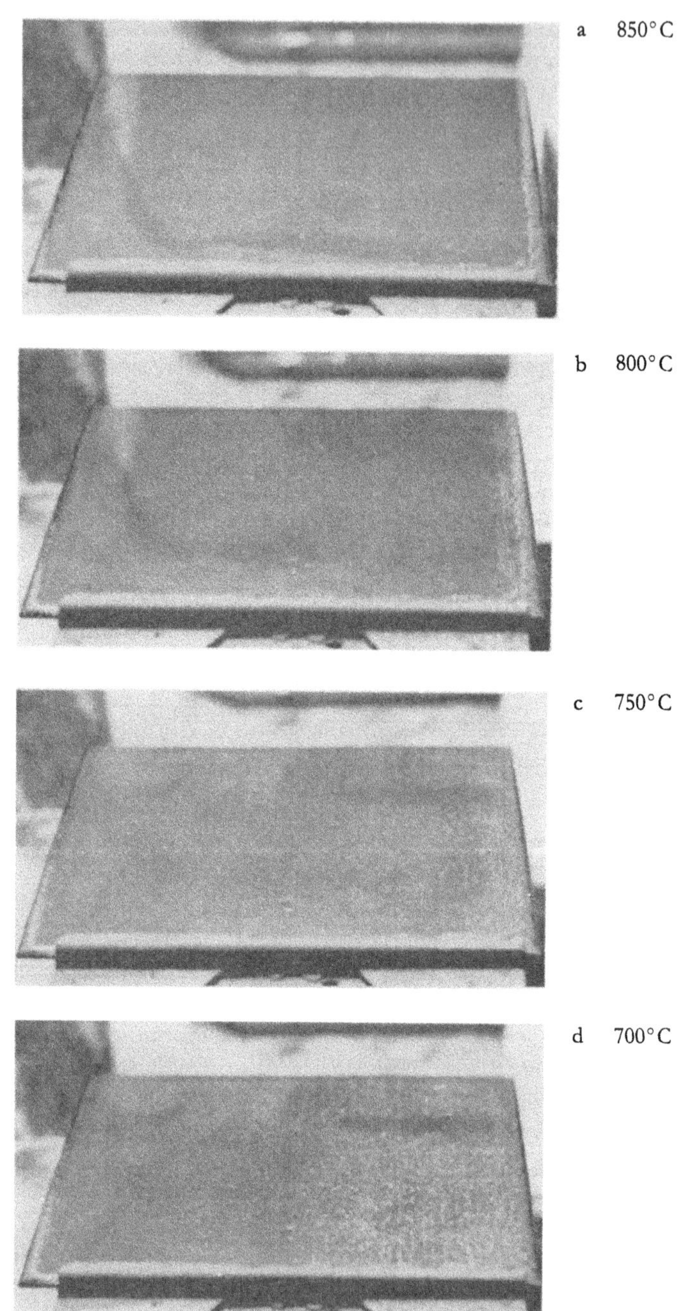

Abb. 13a–h Aussehen der Proben während der Abkühlung nach dem Glattbrand.
Die Blasen entstehen erst unterhalb 700° C
Aufnahmen entsprechend Abb. 12

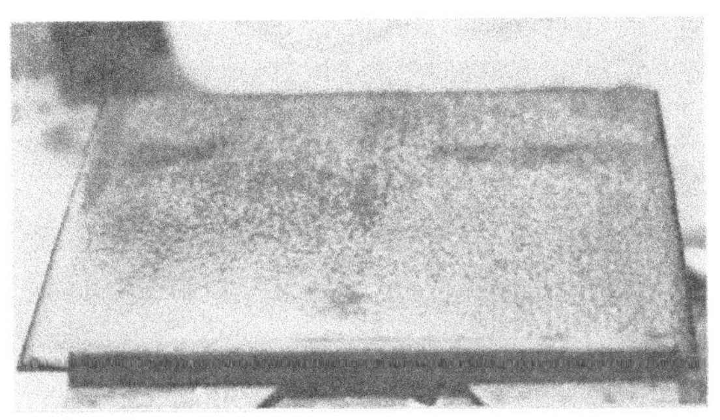
e 650°C

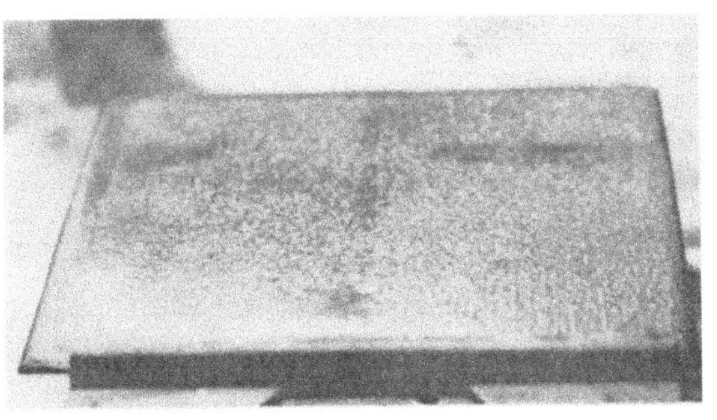
f 600°C

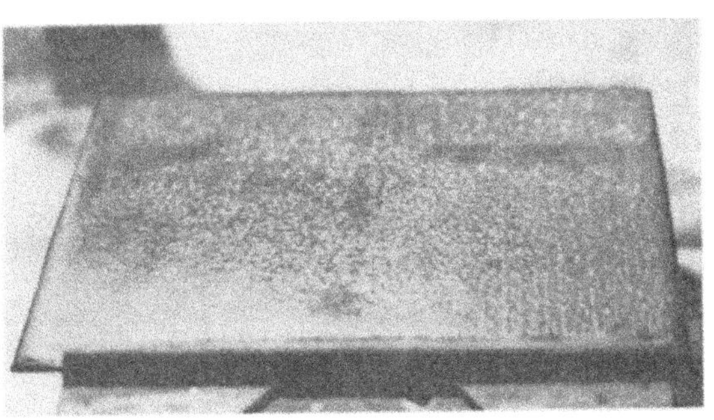
g 550°C

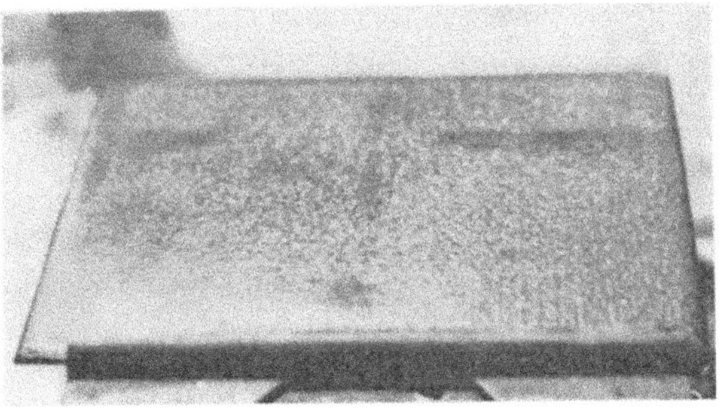
h 500°C

normal 10% 15%

Abb. 14 Kohlenstoffarmes Blech (0,015% C) bei verschiedenen Wasserdampfkonzentrationen gebrannt und schnell abgekühlt (1 ½ min)

von 900° C auf 500° C) schon bei 10% Wasserdampf in der Brennatmosphäre eine blasige Emailoberfläche (Abb. 14), wogegen bei langsamerer Abkühlung (3 min) die Grenze bei 20% lag (Abb. 15).

Bei dem eingangs beschriebenen »guten Blech« mit 0,05% C, das üblicherweise »normal« abgekühlt wurde (in 3 min von 900° auf 500° C) und dabei eine H_2O-Grenzkonzentration von etwa 15% ergeben hatte, sind bei 25% Wasserdampf in der Brennatmosphäre und einer Abkühlzeit von drei Stunden keine Fehler zu beobachten, einerlei ob an Luft oder unter der betreffenden Atmosphäre abgekühlt wurde. Bei schneller Abkühlung von Emailliertemperatur auf 700° C und anschließend langsamer (12 Std.) auf Zimmertemperatur wiesen die Proben

15% 20% 25%

Abb. 15 Wie Abb. 14, jedoch langsamer abgekühlt (3 min)

einige kleine Kupferköpfe auf. Den großen Einfluß der Abkühlgeschwindigkeit bestätigt ein Versuch mit einem erfahrungsgemäß sehr schlecht emaillierbaren Blech, das bei normaler Abkühlung sofort Fischschuppen zeigte, wogegen bei langsamer Abkühlung im Ofen (12 Std.) nach 1 Jahr noch keine Fehler entstanden sind.

An dieser Stelle sei auf die Propellerversuche zurückgegriffen, bei denen beim »guten Blech« die Grenzkonzentration von 20% gefunden wurde (im Gegensatz zu 15% bei den anderen Versuchsanordnungen). Durch die etwas kompliziertere Anordnung, im besonderen durch die Strahlung des mit der Probe auf dem Propellerantriebsgestell angebrachten Isoliersteins (Abb. 4), war die Abkühlung der Probe deutlich langsamer. Somit erklärt sich die höhere Grenzkonzentration in diesem Falle.

7. Berechnungen

Es sei zunächst berechnet, wieviel Wasser im Falle des Probenstapels nach Abb. 7 beim Brand frei wird. Bei beiderseitiger Emaillierung hatten die Proben eine Gesamtoberfläche von 384 cm^2. Bei 0,15 mm Emaildicke ergibt sich aus Ton und Stellsalzen 0,12 g H_2O oder bei 900° C 687 cm^3 Wasserdampf. Diese Menge entweicht aus dem Schamottegestell (Volumen 250 cm^3) und wird auch aus der Blechkassette durch die Gasströmung weggeführt, ohne daß offensichtlich die Grenzkonzentration von 15 Vol.-% im ganzen gesehen überschritten wurde (wohl für kurze Zeit bei der Tonentwässerung). Dies ist erst der Fall – und da auch nur im hinteren Teil des Stapels –, wenn 5% Wasserdampf in der umgebenden Atmosphäre vorgegeben werden.
Nun ist in neuerer Zeit gelegentlich vom muffellosen Brennen die Rede. So beschrieb F. Hermans[1] ein Verfahren, das durch Verwendung eines besonders gebauten Ofens, besonderer Brenner und Propangas als Brennstoff gekennzeichnet ist. Hermans hebt als wesentlich hervor, daß die Flammengase den Wasserdampf aus der Charge wegführen müssen. Die Rechnung ergibt, daß bei einem Luftüberschuß von 1,2 und Verwendung von Primärluft mit 1,8 Vol.-% H_2O (= 60% rel. Feuchtigkeit bei 24° C) eine Brennatmosphäre mit rd. 14,8 Vol.-% H_2O entsteht. Für unser Blech und Email wäre das gerade noch erträglich.
Benutzt man anstatt Propangas etwa Stadtgas oder Ferngas, so beträgt der Wasserdampfgehalt in den Brenngasen etwa 19 Vol.-% und liegt damit über der von uns für eine gute Emaillierung bestimmten Grenzkonzentration für den Wasserdampfgehalt. Damit sind bei muffellosem Emailbrand, der unter Verwendung von Stadtgas oder Ferngas als Brennstoff durchgeführt wird, infolge der zu hohen Wasserdampfgehalte Fehler zu erwarten, wenn die Abkühldauer von 900° bis 500° unter 3 min liegt.

[1] F. Hermans, Mitt. VDEfa **8** (1960), 26.

Zusammenfassung

Zur Bestimmung der höchstzulässigen Wasserdampfkonzentration in der Brennatmosphäre wurden drei Versuchsanordnungen benutzt. Für ein bestimmtes, näher gekennzeichnetes Stahlblech und ein Grundemail ergab sich bei einer laboratoriumsmäßig »üblichen« Abkühlgeschwindigkeit der Probe (3 min von 900 bis 500° C) eine Grenze bei etwa 15 Vol.-%.

Es zeigte sich auch hier, daß die Abkühlgeschwindigkeit einen außerordentlich starken Einfluß auf die Fehlerentstehung bei Anwesenheit von Wasserdampf in der Brennatmosphäre hat; die Blasen in den glatt gebrannten Proben entstehen während der (raschen) Abkühlung.

Mit steigendem C-Gehalt der Bleche verschiebt sich die Grenzkonzentration für den Wasserdampf zu tieferen Werten.

Die bei muffellosem Brand im Schrifttum berichteten guten Ergebnisse sind bei üblicher Arbeitsweise (gutes Blech, geeignetes Email, normale Abkühlbedingungen) nur bei Verwendung eines Brennstoffs zu erzielen, der ein relativ wasserdampfarmes Abgas liefert (z. B. Propan). Bei üblichen Brenngasen (Stadtgas, Ferngas) ist die Wasserdampfkonzentration zu hoch, wenn die Abkühldauer von 900° auf 500° weniger als 3 min beträgt.

FORSCHUNGSBERICHTE DES LANDES NORDRHEIN-WESTFALEN

Herausgegeben im Auftrage des Ministerpräsidenten Dr. Franz Meyers
von Staatssekretär Prof. Dr. h. c. Dr.-Ing. E. h. Leo Brandt

EISENVERARBEITENDE INDUSTRIE

HEFT 39
Forschungsgesellschaft Blechverarbeitung e. V., Düsseldorf
Aus den Arbeiten des Instituts für Werkzeugmaschinen an der Technischen Hochschule Hannover
Untersuchungen an prägegemusterten und vorgelochten Blechen
1953. 40 Seiten, 34 Abb. DM 9,50

HEFT 43
Forschungsgesellschaft Blechverarbeitung e. V., Düsseldorf
Forschungsergebnisse über das Beizen von Blechen
1953. 41 Seiten, 38 Abb., 3 Tabellen. Vergriffen

HEFT 51
Verein zur Förderung von Forschungs- und Entwicklungsarbeiten in der Werkzeugindustrie e. V., Remscheid
Untersuchungen an Kreissägeblättern für Holz, Fehler- und Spannungsprüfverfahren
1953. 39 Seiten, 23 Abb. DM 10,—

HEFT 56
Forschungsgesellschaft Blechverarbeitung e. V., Düsseldorf
Untersuchungen über einige Probleme der Behandlung von Blechoberflächen
1953. 41 Seiten, 42 Abb. DM 11,20

HEFT 60
Forschungsgesellschaft Blechverarbeitung e. V., Düsseldorf
Untersuchungen über das Spritzlackieren im elektrostatischen Hochspannungsfeld
1954. 82 Seiten, 53 Abb., 7 Tabellen. Vergriffen

HEFT 61
Verein zur Förderung von Forschungs- und Entwicklungsarbeiten in der Werkzeugindustrie e. V., Remscheid
Schwingungs- und Arbeitsverhalten von Kreissägeblättern für Holz I
1953. 43 Seiten, 31 Abb. DM 11,40

HEFT 65
Fachverband Schneidwarenindustrie, Solingen
Untersuchungen über das elektrolytische Polieren von Tafelmesserklingen aus rostfreiem Stahl
1954. 79 Seiten, zahlreiche Abb., 9 Tabellen. DM 17,35

HEFT 87
Gemeinschaftsausschuß Verzinken, Düsseldorf
Untersuchungen über Güte von Verzinkungen
1954. 56 Seiten, 56 Abb., 3 Tabellen. Vergriffen

HEFT 98
Fachverband Gesenkschmieden, Hagen
Die Arbeitsgenauigkeit beim Gesenkschmieden unter Hämmern
1954. 117 Seiten, 55 Abb., 9 Tabellen. DM 24,75

HEFT 116
Prof. Dr.-Ing. E. Siebel und Dr.-Ing. Helmut Weiss, Stuttgart
Untersuchungen an einigen Problemen des Tiefziehens — I. Teil
1955. 59 Seiten, 50 Abb., 6 Tabellen. DM 14,50

HEFT 117
Dr.-Ing. H. Beißwänger, Stuttgart und Dr.-Ing. S. Schwandt, Trier
Untersuchungen an einigen Problemen des Tiefziehens — II. Teil
1954. 77 Seiten, 34 Abb., 8 Tabellen. DM 17,70

HEFT 150
Prof. Dr.-Ing. Otto Kienzle und Dipl.-Ing. F. Wilhelm Timmerbeil, Hannover
Das Durchziehen enger Kragen an ebenen Fein- und Mittelblechen
1955. 39 Seiten, 20 Abb., 8 Tabellen. DM 11,30

HEFT 177
Dipl.-Ing. Hans Stüdemann, Solingen und Dr.-Ing. W. Müchler, Essen
Entwicklung eines Verfahrens zur zahlenmäßigen Bestimmung der Schneideigenschaften von Messerklingen
1956. 92 Seiten, 68 Abb., 4 Tabellen. DM 22,20

HEFT 224
Dipl.-Ing. Hans Stüdemann und Ing. R. Beu, Forschungsinstitut für die Schneidwarenindustrie an der Fachschule für Metallgestaltung und Metalltechnik, Solingen
Verfahren zur Prüfung der Korrosionsbeständigkeit von Messerklingen aus rostfreiem Stahl
1956. 82 Seiten, 28 Abb. DM 16,90

HEFT 225
Dr.-Ing. Eginhard Barz, Remscheid
Der Spannungszustand von Gattersägeblättern
1956. 63 Seiten, 54 Abb. DM 16,50

HEFT 277
Dr.-Ing. W. Müchler, Forschungsinstitut für Metallgestaltung und Metalltechnik, Solingen
Direktor: Dipl.-Ing. Hans Stüdemann
Untersuchung und zahlenmäßige Bestimmung der Schneideigenschaften von Messern mit besonderer Berücksichtigung rostfreier Messerstähle
1956. 47 Seiten, 27 Abb., 5 Tabellen. DM 13,20

HEFT 283
Prof. Dr. phil. Franz Wever und
Dr.-Ing. Werner Lueg, Max-Planck-Institut für Eisenforschung, Düsseldorf
Warmstauchversuche zur Ermittlung der Formänderungsfestigkeit von Gesenkschmiede-Stählen
1956. 31 Seiten, 19 Abb. DM 9,90

HEFT 285
Prof. Dr.-Ing. Otto Kienzle, Dr.-Ing. Kurt Lange und Dipl.-Ing. Helmut Meinert, Institut für Werkzeugmaschinen und Umformtechnik der Technischen Hochschule Hannover
Einfluß der Oberfläche auf das Verschleißverhalten von Schmiedegesenken
1956. 50 Seiten, 29 Abb., 8 Tabellen. DM 14,60

HEFT 286
Dr.-Ing. Kurt Lange, Dipl.-Ing. Helmut Meinert, unter Mitarbeit von Dr.-Ing. Heinz Arend, Institut für Werkzeugmaschinen und Umformtechnik der Technischen Hochschule Hannover
Verschleißverhalten hartverchromter Schmiedegesenke
1956. 62 Seiten, 53 Abb., 6 Tabellen. DM 17,65

HEFT 321
Prof. Dr. phil. Franz Wever und
Dr. phil. Wolfgang Wepner, Max-Planck-Institut für Eisenforschung, Düsseldorf
Gleichzeitige Bestimmung kleiner Kohlenstoff- und Stickstoffgehalte im α-Eisen durch Dämpfungsmessung
1956. 17 Seiten, 4 Abb., 3 Tabellen. DM 6,80

HEFT 322
Prof. Dr.-Ing. Franz Bollenrath und
Dipl.-Ing. Wilhelm Domke, Aachen
Eigenspannungen in vergüteten, dickwandigen Stahlzylindern nach Oberflächenhärtung mit induktiver Erwärmung
1956. 17 Seiten, 9 Abb., 2 Tabellen. DM 6,90

HEFT 360
Dr.-Ing. Eginhard Barz, Remscheid
Fertigungsverfahren und Spannungsverlauf bei Kreissägeblättern für Holz
1957. 68 Seiten, 40 Abb. DM 17,—

HEFT 367
Dr. rer. nat. Dietrich Horstmann, Max-Planck-Institut für Eisenforschung und Gemeinschaftsausschuß Verzinken, Düsseldorf
Der Angriff eisengesättigter Zinkschmelzen auf kohlenstoff-, schwefel- und phosphorhaltiges Eisen
1957. 42 Seiten, 22 Abb., 6 Tabellen. DM 12,85

HEFT 375
Technischer Überwachungs-Verein e. V., Essen
Wanddickenmessungen mittels radioaktiver Strahlen und Zählrohrgerät
1958. 24 Seiten, 15 Abb. DM 9,55

HEFT 376
Technischer Überwachungs-Verein e. V., Essen
Wasserumlaufprobleme an Hochdruckkesseln
1958. 126 Seiten, 56 Abb., 8 Tabellen. DM 32,60

HEFT 377
Technischer Überwachungs-Verein e. V., Essen
Versuche an Wanderrostkesseln mit befeuchteter Verbrennungsluft
1958. 35 Seiten, 19 Abb., 2 Tabellen. DM 12,20

HEFT 395
Dipl.-Ing. Ludwig Hahn, Clausthal-Zellerfeld
Untersuchungen zur Frage des optimalen Bohrloch- und Patronendurchmessers
1957. 119 Seiten, 49 Abb., 19 Tabellen. DM 31,25

HEFT 445
Dr. Ing. Eginhard Barz, Remscheid
Fertigungs- und Prüfverfahren für Feilen
Vergriffen

HEFT 447
Prof. Dr.-Ing. Franz Bollenrath, Aachen
Dr.-Ing. H. Füllenbach, Seesen und
Dipl.-Ing. J. Schumacher, Neubeckum
Entwicklung rationell arbeitender Spritzkabinen
1958. 44 Seiten, 26 Abb. Vergriffen

HEFT 473
Prof. Dr. phil. Franz Wever, Dr.-Ing. Werner Lueg und Dipl.-Ing. Paul Funke jr., Max-Planck-Institut für Eisenforschung, Düsseldorf
Versuche an einer hydraulischen 25-t-Stangenziehbank
1957. 22 Seiten, 11 Abb. DM 8,95

HEFT 557

Dr.-Ing. Hans Schiffers, Dipl.-Ing. Dieter Ammann, Dipl.-Ing. Erich Brugger und Dipl.-Ing. Rudolf Dicke, Gießerei-Institut der Rhein.-Westf. Technischen Hochschule Aachen

Härtbarkeit von Gußeisen mit Lamellen- und Kugelgraphit in Abhängigkeit von Zusammensetzung und Gefüge

1958. 29 Seiten, 24 Abb., 1 Tabelle. DM 11,—

HEFT 630

Prof. Dr. phil. Walter Koch und Dr. techn. Dipl.-Ing. Hanns Malissa, Max-Planck-Institut für Eisenforschung, Düsseldorf

Beiträge zur Spurenanalyse im Reinsteisen

1958. 25 Seiten, 8 Tabellen. DM 7,60

HEFT 639

Prof. Dr.-Ing. habil. Karl Krekeler, Dr.-Ing. Heinz Peukert und Dipl.-Ing. Otto Schwarz, Institut für Kunststoffverarbeitung an der Rhein.-Westf. Technischen Hochschule Aachen

Auswertung der in- und ausländischen Literatur auf dem Gebiete des Metallklebens

1958. 152 Seiten. Vergriffen

HEFT 655

Dr. rer. pol. A. Theodor Wuppermann, Prof. Dr.-Ing. M. Pfender und Reg.-Rat Dipl.-Ing. E. Amedick, im Auftrage des Vereins Deutscher Eisenhüttenleute, Düsseldorf

Untersuchung des Einflusses von Oberflächenfehlern auf die Dauerhaltbarkeit von Kurbelwellen

1958. 48 Seiten, 101 Abb., 4 Tabellen. DM 10,—

HEFT 680

Prof. Dr. phil. Walter Koch, Dr.-Ing. Angelika Schrader, Dr.-Ing. habil. Alfred Krisch und Dipl.-Phys. Helmut Rohde, Max-Planck-Institut für Eisenforschung, Düsseldorf

Änderungen im Gefügeaufbau austenitischer Chrom-Nickel-Stähle bei Zeitstandversuchen von mehrjähriger Dauer

1959. 37 Seiten, 23 Abb., 5 Tabellen. DM 12,20

HEFT 681

Prof. Dr.-Ing. Dr.-Ing. E. h. Hermann Schenk und Dr.-Ing. Werner Wenzel, Institut für Eisenhüttenwesen der Rhein.-Westf. Technischen Hochschule Aachen

Die Reduktion von Eisenerzen im Elektro-Fließbett

1959. 76 Seiten, 20 Abb., 12 Tabellen. DM 19,60

HEFT 693

Prof. Dr.-Ing. Otto Kienzle, Dr.-Ing. Friedrich Wilhelm Timmerbeil und Dr.-Ing. Thomas Jordan, Hannover

Einige Untersuchungen über das Schneiden von Blechen

1959. 55 Seiten, 54 Abb., 3 Tabellen. DM 17,40

HEFT 702

Prof. Dr. phil. Walter Koch und Dipl.-Phys. Dr. rer. nat. Hans Lüdering, Max-Planck-Institut für Eisenforschung, Düsseldorf

Statistische Auswertung von Thomasroheisenproben guter und schlechter Verblasbarkeit

1959. 20 Seiten, 3 Abb., 3 Tabellen. DM 6,50

HEFT 703

Prof. Dr. phil. Walter Koch und Dipl.-Phys. Dr. phil. Heinz Sundermann, Max-Planck-Institut für Eisenforschung, Düsseldorf

Isolierungstechnische Untersuchungen an Thomasroheisen

1959. 28 Seiten, 16 Abb., 1 Tabelle. DM 9,—

HEFT 705

Dr.-Ing. Karl Ernst Mayer, Dr.-Ing. Helmut Knüppel, Ing. Arthur Stumpf, Dortmund-Hörder-Hüttenunion AG., Dortmund, und Prof. Dr. phil. Walter Koch, Max-Planck-Institut für Eisenforschung, Düsseldorf

Wege zur automatischen Überwachung des Thomasverfahrens

1959. 56 Seiten, 20 Abb., 7 Tabellen. DM 14,80

HEFT 714

Prof. Dr.-Ing. Wilhelm Patterson, Gießerei-Institut der Rhein.-Westf. Technischen Hochschule Aachen

Wirkung einer Gasspülung auf den Magnesiumverbrauch bei der Herstellung von Gußeisen mit Kugelgraphit

1959. 44 Seiten, 35 Abb., 14 Tabellen. DM 13,40

HEFT 728

Dr.-Ing. Klaus Spies, Dortmund

Die Zwischenformen beim Gesenkschmieden und ihre Herstellung durch Formwalzen

1959. 113 Seiten, 61 Abb., 2 Tabellen. DM 29,60

HEFT 740

Dr. rer. nat. Dietrich Horstmann, Max-Planck-Institut für Eisenforschung und Gemeinschaftsausschuß Verzinken, Düsseldorf

Einfluß einiger Eisen- und Zinkbegleiter auf Größe und Art des Zinkangriffs auf Eisen

1959. 38 Seiten, 22 Abb., 1 Tabelle. DM 12,60

HEFT 741

Dipl.-Ing. Hans Stüdemann, Dipl.-Ing. Fritz Esselborn und Ing. Hermann Hartmann, Forschungsinstitut an der Fachschule für Metallgestaltung und Metalltechnik, Solingen

Untersuchungen zur Prüfung der Korrosionsbeständigkeit rostbeständiger Besteckbleche aus Chromstahl

1959. 31 Seiten, 30 Abb., 4 Tabellen. DM 10,30

HEFT 742

Dr.-Ing. Eginhard Barz, Verein zur Förderung von Forschungs- und Entwicklungsarbeiten in der Werkzeugindustrie e. V., Remscheid

Schneideigenschaften von schneidenden Zangen und Prüfverfahren

1959. 66 Seiten, 40 Abb., 4 Tabellen. DM 18,40

HEFT 757
Dr.-Ing. Angelika Schrader und
Dr.-Ing. habil. Alfred Krisch, Max-Planck-Institut für Eisenforschung, Düsseldorf
Mikroskopische Beobachtungen von Ausscheidungen in austenitischen und ferritischen Stählen nach dem Kriechversuch
1959. 21 Seiten, 22 Abb., 1 Tabelle. DM 8,60

HEFT 780
Prof. Dr. phil. Franz Wever, Dr.-Ing. Werner Lueg und Dr.-Ing. Paul Funke, Max-Planck-Institut für Eisenforschung, Düsseldorf
Untersuchung von Walzölen und Walzölemulsionen im Kaltwalzversuch
1959. 68 Seiten, 28 Abb., mehr. Tabellen. DM 18,50

HEFT 781
Verein zur Förderung von Forschungs- und Entwicklungsarbeiten in der Werkzeugindustrie e. V., Remscheid
Verformungseinflüsse bei der Feilenherstellung
1959. 65 Seiten, 39 Abb. DM 20,—

HEFT 840
Prof. Dr. phil. Franz Wever,
Dr.-Ing. Hans-Günter Müller und
Dr.-Ing. Paul Funke, Max-Planck-Institut für Eisenforschung, Düsseldorf
Versuchsmäßige und rechnerische Bestimmung von Walzkraft und Drehmoment unter Einwirkung von Bandzugspannungen beim Kaltwalzen von Bandstahl
1960. 36 Seiten, 12 Abb., 3 Tafeln. DM 10,90

HEFT 841
Dr. rer. nat. Hubert Blanck, Max-Planck-Institut für Eisenforschung, Düsseldorf
Untersuchungen zur Kinetik des Martensitzerfalls
1960. 33 Seiten, 11 Abb. DM 10,30

HEFT 848
Dipl.-Ing. Hans-Jochen Stöter, Institut für Werkzeugmaschinen und Umformtechnik der Technischen Hochschule Hannover
Untersuchung des Schmiedevorganges in Hammer und Presse, insbesondere hinsichtlich des Steigens
1960. 133 Seiten, 62 Abb., 8 Tabellen. DM 35,60

HEFT 889
Dr.-Ing. Werner Hufschmidt, Lehrstuhl für Heizung und Lüftung an der Rhein.-Westf. Technischen Hochschule Aachen
Die Eigenschaften von Rippenrohrluftkühlern im Arbeitsbereich der Klimaanlage
1960. 125 Seiten, 37 Abb. DM 33,30

HEFT 890
Dr.-Ing. Heinz Meyer, Institut für Werkzeugmaschinen und Umformtechnik, Technische Hochschule Hannover
Untersuchungen über den Umformvorgang in Waagerecht-Stauchmaschinen
1960. 75 Seiten, 61 Abb., 3 Tabellen. DM 21,90

HEFT 916
Dipl.-Ing. Hans-Joachim Crasemann, Forschungsstelle Blechbearbeitung am Institut für Werkzeugmaschinen und Umformtechnik der Technischen Hochschule Hannover
Direktor: Prof. Dr.-Ing. Dr.-Ing. E. h. Otto Kienzle
Der offene, kreuzende Scherschnitt an Blechen
1960. 138 Seiten, 66 Abb., 10 Tabellen. DM 40,70

HEFT 1000
Dipl.-Ing. Hartmut Tolkien, Institut für Werkzeugmaschinen und Umformtechnik der Technischen Hochschule Hannover
Direktor: Prof. Dr.-Ing. Dr.-Ing. E. h. Otto Kienzle
Schmierwirkungen in Schmiedegesenken
1961. 150 Seiten, 75 Abb., 2 Tabellen, 1 Anhang. DM 44,90

HEFT 1004
Dr.-Ing. Eginhard Barz, Verein zur Förderung von Forschungs- und Entwicklungsarbeiten in der Werkzeugindustrie e. V., Remscheid
Untersuchung von Schraubendrehern und Schraubenverbindungen
1961. 68 Seiten, 26 Abb., 12 Tabellen. DM 22,30

HEFT 1027
Dr.-Ing. Eginhard Barz, Verein zur Förderung von Forschungs- und Entwicklungsarbeiten in der Werkzeugindustrie e. V., Remscheid
Prüfung von Feilen
1961. 57 Seiten, 23 Abb., 7 Tabellen. DM 20,50

HEFT 1028
Dr.-Ing. Siegfried Stendorf, Verein zur Förderung von Forschungs- und Entwicklungsarbeiten in der Werkzeugindustrie e. V., Remscheid
Das Gleitstauchen von Schneidezähnen an Sägen für Holz
1961. 138 Seiten, 85 Abb., 9 Tabellen. DM 47,10

HEFT 1056
Dr.-Ing. Oskar Pawelski und Dr.-Ing. Werner Lueg †, Max-Planck-Institut für Eisenforschung, Düsseldorf
Der Spannungszustand beim Ziehen und Einstoßen von runden Stangen
1962. 106 Seiten, 35 Abb., 10 Tabellen. DM 33,60

HEFT 1089
Direktor Dipl.-Ing. Hans Stüdemann und
Dr.-Ing. Fritz Esselborn, Forschungsinstitut an der Fachschule für Metallgestaltung und Metalltechnik, Solingen
Untersuchungen über den Einfluß der Zusammensetzung und Gefügeausbildung auf das Härtungsverhalten des Stahles X 40 Cr 13
1962. 37 Seiten, 37 Abb., 8 Tabellen. DM 17,—

HEFT 1091
Dipl.-Ing. Kurt Buchmann, Forschungsgesellschaft Blech verarbeitung e. V., Düsseldorf
Beitrag zur Verschleißbeurteilung beim Schneiden von Stahlfeinblechen
1962. 126 Seiten, 77 Abb. DM 71,40

HEFT 1129
Prof. Dr.-Ing. Joseph Mathieu, Forschungsinstitut für Rationalisierung an der Rhein.-Westf. Technischen Hochschule, Aachen, im Auftrage des Fachverbandes Gesenkschmieden im Wirtschaftsverband Stahlverformung, Hagen
Richtwerte für eine Platzkostenrechnung in der Gesenkschmiedeindustrie
1963. 54 Seiten, 7 Tabellen, 52 Seiten tabellarischer Anhang. DM 63,30

HEFT 1140
Direktor Dipl.-Ing. Hans Stüdemann und Dipl.-Ing. Fritz Esselborn, Forschungsinstitut an der Fachschule für Metallgestaltung und Metalltechnik, Solingen
Einflüsse der Prüfbedingungen auf die Ergebnisse von Schneideigenschaftsprüfungen an Messern
1962. 33 Seiten, 24 Abb. DM 14,80

HEFT 1162
Prof. Dr.-Ing. Dr.-Ing. E. h. Otto Kienzle und Dipl.-Ing. Manfred Meyer, im Auftrage der Forschungsgesellschaft Blechverarbeitung e.V., Düsseldorf
Verfahren zur Erzielung glatter Schnittflächen beim vollkantigen Schneiden von Blech
1963. 114 Seiten, 71 Abb., 6 Tabellen. DM 60,40

HEFT 1164
Dr.-Ing. Eginhard Barz u. a., Verein zur Förderung von Forschungs- und Entwicklungsarbeiten in der Werkzeugindustrie e.V., Remscheid
Teil I: Arbeitsverhalten von scheibenförmigen Werkzeugen
Teil II: Schnittversuche von verleimten Holzwerkzeugen
1963. 90 Seiten, 16 Abb., 6 Tabellen. DM 44,80

HEFT 1171
Prof. Dr.-Ing., Dr.-Ing E. h. Otto Kienzle und Dipl.-Ing. Kurt Haverbeck, Hannover, im Auftrage der Forschungsgesellschaft Blechverarbeitung e.V., Düsseldorf
Das Herstellen von Außenborden an Blechteilen zwischen Stempel und Ring
1963. 96 Seiten, 58 Abb. DM 54,50

HEFT 1347
Dr. rer. nat. Dietrich Horstmann, Max-Planck-Institut für Eisenforschung und Gemeinschaftsausschuß Verzinken, Düsseldorf
Allgemeine Gesetzmäßigkeiten des Einflusses von Eisenbegleitern auf die Vorgänge beim Feuerverzinken
1964. 27 Seiten, 17 Abb. 2 Tabellen. DM 16,50

HEFT 1348
Prof. Dr.-Ing. Dr. h. c. Herwart Opitz, Dr.-Ing. Wilfried König und Dipl.-Ing. Wolf-Dieter Neumann, Laboratorium für Werkzeugmaschinen und Betriebslehre der Rhein.-Westf. Technischen Hochschule Aachen
Einfluß verschiedener Schmelzen auf die Zerspanbarkeit von Gesenkschmiedestücken
1964. 99 Seiten, 64 Abb., 12 Tabellen. DM 59,—

HEFT 1349
Dr.-Ing. Tin Ming Wu, Forschungsstelle Gesenkschmieden an der Technischen Hochschule Hannover
Untersuchungen über das Auftragsschweißen von Gesenken für Schmiedestücke aus Stahl
1964. 46 Seiten, 16 Abb., 14 Tabellen. DM 22,80

HEFT 1350
Prof. Dr. phil. Karl Löbberg, Dipl.-Ing. Klaus Röhrig und Dr.-Ing. Peter Sahm, Institut für Gießereikunde der Technischen Universität Berlin
Über die Keimbildung in unlegiertem Kupfer und unlegiertem Eisen
1964. 77 Seiten, 22 Abb., 6 Tabellen. DM 36,—

HEFT 1352
Direktor Dipl.-Ing. Hans Stüdemann und Dr.-Ing. Fritz Esselborn, Forschungsinstitut an der Fachschule für Metallgestaltung und Metalltechnik, Solingen
Die Ergebnisse von Schneideigenschaftsprüfungen an Messern unter Berücksichtigung des Einflusses der geometrischen Form des Messers und des Einflusses der Karbidverteilung und -größe im Werkstoff
1964. 39 Seiten, 48 Abb., 2 Tabellen. DM 21,—

HEFT 1353
Direktor Dipl.-Ing. Hans Stüdemann und Dr.-Ing. Fritz Esselborn, Forschungsinstitut an der Fachschule für Metallgestaltung und Metalltechnik, Solingen
Untersuchungen über den Einfluß unterschiedlicher Herstellungsverfahren auf die Qualität rostbeständiger Messer
1964. 48 Seiten, 53 Abb. DM 22,50

HEFT 1354
Direktor Dipl.-Ing. Hans Stüdemann und Dr.-Ing. Fritz Esselborn, Forschungsinstitut an der Fachschule für Metallgestaltung und Metalltechnik, Solingen
Untersuchungen über den Einfluß der Wärmebehandlung in Zusammenhang mit unterschiedlicher Herstellung auf die Eigenschaften von rostbeständigen Messern
1964. 33 Seiten, 42 Abb. DM 18,—

HEFT 1355
Dr.-Ing. habil. Alfred Krisch, Max-Planck-Institut für Eisenforschung, Düsseldorf
Kriechverhalten, Gefügeänderungen und Risse bei mehrjährigen Zeitstandversuchen
1964. 27 Seiten, 17 Abb., 6 Tabellen. DM 14,80

HEFT 1381
Dr.-Ing. Heinz Meyer-Nolkemper, Forschungsstelle Gesenkschmieden an der Technischen Hochschule Hannover
Im Auftrage des Verbandes Gesenkschmieden im Wirtschaftsverband Stahlverformung, Hagen
Dornen in Waagerecht-Stauchmaschinen
1964. 45 Seiten, 30 Abb., 2 Tabellen. DM 26,50

HEFT 1395
Prof. Dr. rer. techn. Fritz Reutter, Institut für Geometrie und Praktische Mathematik der Rhein.-Westf. Technischen Hochschule Aachen, Dr. rer. nat. Dieter Haupt, Rechenzentrum der Rhein.-Westf. Technischen Hochschule Aachen
Untersuchungen auf dem Gebiet der praktischen Mathematik
1964. 85 Seiten, 6 Abb., 10 Tabellen. DM 53,50

HEFT 1413
Dr. rer. nat. Dietrich Horstmann und Dipl.-Ing. Ulrich Krause, Max-Planck-Institut für Eisenforschung und Gemeinschaftsausschuß Verzinken, Düsseldorf
Einfluß von Oberflächenrauheit und Glühbehandlung auf die Güte verzinkter Bleche
1964. 22 Seiten, 9 Abb., 1 Tabelle. DM 14,—

HEFT 1421
Dr.-Ing. Hermann Füllenbach, Harry Lange, Harry Parthey und Iwan N. Stranski, Forschungsgesellschaft Blechverarbeitung e. V., Düsseldorf
Metallurgische und technologische Untersuchungen an Weichloten
1965. 69 Seiten, 53 Abb., 5 Tabellen. DM 33,—

HEFT 1462
Prof. Dr.-Ing. Dr.-Ing. E.h. Otto Kienzle und Dr.-Ing. Helmut Zabel, Forschungsstelle Gesenkschmieden an der Technischen Hochschule Hannover im Auftrage des Verbandes Deutscher Gesenkschmieden in Hagen
Zerteilen metallischer Stangen durch Abscheren
1965. 169 Seiten, 76 Abb., 4 Tabellen. DM 79,50

HEFT 1486
Dr. rer. nat. Dietrich Horstmann, Max-Planck-Institut für Eisenforschung, Düsseldorf, im Auftrage des Gemeinschaftsausschuß Verzinken, Düsseldorf
Der Einfluß des Blechwerkstoffes und der Verzinkungsbedingungen auf die Eigenschaften verzinkter Bleche und Bänder
1965. 33 Seiten, 14 Abb., 1 Tabelle. DM 18,80

HEFT 1504
Direktor Dipl.-Ing. Hans Stüdemann, Dipl.-Ing. Rolf Both und Ingenieur Ernst Lauterjung, Forschungsinstitut für Schneidwaren, Solingen
Entwicklung eines Prüfgerätes zur Messung des Schneidverhaltens feiner Messerschneiden, unter besonderer Berücksichtigung der Rasierklingen
1965. 43 Seiten, 48 Abb., 2 Tabellen. DM 25,80

HEFT 1534
Prof. Dr. phil. Adolf Rose, Max-Planck-Institut für Eisenforschung, Düsseldorf
Schweißbarkeit und Umwandlungsverhalten der Stähle *In Vorbereitung*

HEFT 1564
Prof. Dr.-Ing. Alfred H. Henning†, Prof. Dr.-Ing. habil. Karl Krekeler und Dipl.-Ing. Friedrich Mittrop, Institut für Kunststoffverarbeitung in Industrie und Handwerk der Rhein.-Westf. Technischen Hochschule Aachen, in Zusammenarbeit mit der Forschungsgesellschaft Blechverarbeitung e. V., Düsseldorf
Untersuchungen über die Kombination Metallkleben–Punktschweißen
1965. 31 Seiten, 20 Abb., 3 Tabellen. DM 19,80

HEFT 1577
Prof. Dr.-Ing. habil. Gerhard Oehler, Forschungsgesellschaft Blechverarbeitung e. V., Düsseldorf
Vergleich und Abgrenzung der Einsatzmöglichkeit der Abkantpressen, der Abkantmaschinen und der Profilwalzmaschinen für Biege-Profil-Formungen
In Vorbereitung

HEFT 1579
Direktor Dipl.-Ing. Hans Stüdemann, Dipl.-Ing. Hans Brundiek und Rudolf Grube, Forschungsinstitut für Schneidwaren, Solingen
Untersuchungen über den Einfluß der Zusammensetzung und Gefügeausbildungen auf das Anlaßverhalten des Stahles X 40 Cr 13
1965. 43 Seiten, 39 Abb., 1 Tabelle. DM 27,60

HEFT 1581
Prof. Dr.-Ing. habil. A. Matting und Dipl.-Ing. G. Wilkens, Hannover, in Zusammenarbeit mit der Forschungsgesellschaft Blechverarbeitung e. V., Düsseldorf
Rollnahtschweißen von Feinblechen verschiedener Beschaffenheit unter 0,5 mm mit besonderer Berücksichtigung verzinnter Bleche
In Vorbereitung

HEFT 1598
Dr.-Ing. Hans Groebler, Dr. Julius Seeger und Dr. Carl Boller, Forschungsgesellschaft Blechverarbeitung e. V., Düsseldorf
Verschleißmessungen an Überzügen auf Metalloberflächen *In Vorbereitung*

HEFT 1599
Prof. Dr.-Ing. habil. A. Matting, Dr.-Ing. K. Ulmer und Ing. G. Hennig, Institut A für Werkstoffkunde der Technischen Hochschule Hannover, in Zusammenarbeit mit der Forschungsgesellschaft Blechverarbeitung e. V., Düsseldorf
Metallkleben *In Vorbereitung*

HEFT 1600
Prof. Dr.-Ing. habil. Adolf Dietzel, Würzburg, in Zusammenarbeit mit der Forschungsgesellschaft Blechverarbeitung e. V., Düsseldorf
Einfluß des Wasserdampfgehaltes der Ofenatmosphäre auf den Stahlblech-Emaillierprozeß

HEFT 1601
Prof. Dr.-Ing. Dr. h.c. Herwart Opitz, Dr.-Ing. Wilfried König und Dipl.-Ing. Wolf-Dieter Neumann, Laboratorium für Werkzeugmaschinen und Betriebslehre der Rhein.-Westf. Technischen Hochschule Aachen
Streuwertuntersuchungen der Zerspanbarkeit von Werkstücken aus verschiedenen Schmelzen des Stahles C 45 *In Vorbereitung*

HEFT 1607
Dr.-Ing. Eginhard Barz und Ing. Karl Oberwinter, Verein zur Förderung von Forschungs- und Entwicklungsarbeiten in der Werkzeugindustrie e. V., Remscheid
Zusammenwirken von Schraubenbetätigungswerkzeugen und Schrauben
Teil I
Untersuchung des zulässigen Größtspiels beim Anziehen von Sechskantschrauben mit Schraubenschlüsseln
TEIL II
Untersuchung der Anpassung von Schraubendrehern an Schlitzschrauben *In Vorbereitung*

HEFT 1613
Prof. Dr.-Ing. habil. Gerhard Oehler, Forschungsgesellschaft Blechverarbeitung e. V., Düsseldorf
Vergleich zwischen kalt und warm umgeformter Böden *In Vorbereitung*

HEFT 1614
Prof. Dr.-Ing. habil. Gerhard Oehler, Forschungsgesellschaft Blechverarbeitung e. V., Düsseldorf
Kräfte- und Leistungsermittlung an Rundbiegemaschinen *In Vorbereitung*

HEFT 1625
Dipl.-Ing. Johannes Hoischen, Verein zur Förderung von Forschungs- und Entwicklungsarbeiten in der Werkzeugindustrie e. V., Remscheid
Belastbarkeit und Abformgenauigkeit der Stempel beim Kalteinsenken *In Vorbereitung*

HEFT 1631
Dipl.-Ing. Heinz Peters, im Auftrage des Vereins zur Förderung von Forschungs- und Entwicklungsarbeiten in der Werkzeugindustrie e. V., Remscheid
Untersuchung von Kettenwerkzeugen auf die günstigste Gestaltung und Anordnung der Schneiden und Glieder
Teil I:
Entwicklung und Bau eines Versuchsstandes für die Untersuchung von Sägeketten *In Vorbereitung*

HEFT 1632
Dr.-Ing. Eginhard Barz und Dipl.-Ing. Ulrich Niemann, im Auftrage des Vereins zur Förderung von Forschungs- und Entwicklungsarbeiten in der Werkzeugindustrie e. V., Remscheid
Untersuchungen an schneidenden Zangen
Teil I
Untersuchung der unterschiedlichen Schneidenabnutzung bei schneidenden Zangen, insbesondere bei Vornschneidern
Teil II
Prüfverfahren für Zangen mit mehrfacher Übersetzung, insbesondere für Bolzenschneider
In Vorbereitung

HEFT 1696
o. Prof. em. Dr.-Ing. Dr.-Ing. E. h. Otto Kienzle und Dr.-Ing. Harry Neumann, Institut für Werkzeugmaschinen und Umformtechnik der Technischen Hochschule Hannover
Methoden zur Bestimmung des elastischen Verhaltens von Pressen beliebiger Breite
In Vorbereitung

HEFT 1697
Dipl.-Ing. Herbert Littnanski, Deutsche Forschungsgesellschaft für Blechverarbeitung und Oberflächenbehandlung e. V., Düsseldorf
Hartlöten mit Silberloten *In Vorbereitung*

HEFT 1698
Prof. Dr.-Ing. habil. Gerhard Oehler, Deutsche Forschungsgesellschaft für Blechverarbeitung und Oberflächenbehandlung e. V., Düsseldorf
Untersuchungen über das V-Biegen von Blechen
In Vorbereitung

Verzeichnisse der Forschungsberichte aus folgenden Gebieten können beim Verlag angefordert werden:

Acetylen/Schweißtechnik – Arbeitswissenschaft – Bau/Steine/Erden – Bergbau – Biologie – Chemie – Eisenverarbeitende Industrie – Elektrotechnik/Optik – Energiewirtschaft – Fahrzeugbau/Gasmotoren – Druck/Farbe/Papier/Photographie – Fertigung – Funktechnik/Astronomie – Gaswirtschaft – Holzbearbeitung – Hüttenwesen/Werkstoffkunde – Kunststoffe – Luftfahrt/Flugwissenschaften – Luftreinhaltung – Maschinenbau – Mathematik – Medizin/Pharmakologie/NE-Metalle – Physik – Rationalisierung – Schall/Ultraschall – Schifffahrt – Textilforschung – Turbinen – Verkehr – Wirtschaftswissenschaften.

WESTDEUTSCHER VERLAG · KÖLN UND OPLADEN
567 Opladen/Rhld., Ophovener Straße 1–3

GPSR Compliance
The European Union's (EU) General Product Safety Regulation (GPSR) is a set of rules that requires consumer products to be safe and our obligations to ensure this.

If you have any concerns about our products, you can contact us on

ProductSafety@springernature.com

In case Publisher is established outside the EU, the EU authorized representative is:

Springer Nature Customer Service Center GmbH
Europaplatz 3
69115 Heidelberg, Germany

www.ingramcontent.com/pod-product-compliance
Ingram Content Group UK Ltd.
Pitfield, Milton Keynes, MK11 3LW, UK
UKHW061700190726
13853UKWH00008B/2315

* 9 7 8 3 6 6 3 0 6 2 6 4 6 *